¡Hola, barcos de rescate!

Lifeboats

MARAVILLAS VEHÍCULOS 44

BARCOS DE RESCATE

KATE RIGGS

CREATIVE EDUCATION | CREATIVE PAPERBACKS

¡AGÁRRATE!
¡AQUÍ VOY!
RESCUE
HA 0397 XC

tabla de contenido

Publicado por Creative Education y Creative Paperbacks
P.O. Box 227, Mankato, Minnesota 56002
Creative Education y Creative Paperbacks
son sellos editoriales de The Creative Company
www.thecreativecompany.us

Diseño de Wyeth Morgan
Dirección artística de Blue Design (www.bluedes.com)

Imágenes de Alamy Stock Photo/David Osborn, 6–7; Dreamstime/Egon Zitter, 3, Eric Gevaert, 10–11, Nadezhda Zima, portada (izquierda); Getty Images/SOPA Images, 8–9, Tullio M. Puglia, 17, Westend61, 18–19; iStock/24, nicolamargaret, 2; Newscom/Armin Weigel / Deutsch Presse Agentur, 13; Pexels/Gilberto Olimpio, 1, Jess Loiterton, 4; Shutterstock/daseaford, 20–21; Unsplash/Fonsi Fernández, portada (centro); Wikimedia Commons/Letartean, portada (derecha), 14–15, Matthew Masaschi, 23, Phillip Perry, 16

Library of Congress Cataloging-in-Publication Data
Names: Riggs, Kate, author.
Title: Barcos de rescate / by Kate Riggs.
Other titles: Rescue boats. Spanish
Description: Mankato, Minnesota : Creative Education and Creative Paperbacks, [2026] | Series: Maravillas | Includes index. | Audience: Ages 4-7 | Audience: Grades K-1 | Summary: "An engine-revving introduction to rescue boats, this transportation book for beginning readers features eye-catching photographs, humorous captions, and basic facts about the emergency vehicles of the water. This Spanish text includes a labeled vehicle guide, glossary, and index— Provided by publisher.
Identifiers: LCCN 2024053422 (print) | LCCN 2024053423 (ebook) | ISBN 9798889898801 (library binding) | ISBN 9781682779200 (paperback) | ISBN 9798889899594 (ebook)
Subjects: LCSH: Search and rescue boats—Juvenile literature. | CYAC: Search and rescue boats.
Classification: LCC VM466.S4 R5418 2026 (print) | LCC VM466.S4 (ebook) | DDC 363.12/381—dc23/eng/20241226
LC record available at https://lccn.loc.gov/2024053422
LC ebook record available at https://lccn.loc.gov/2024053423

Impreso en la India

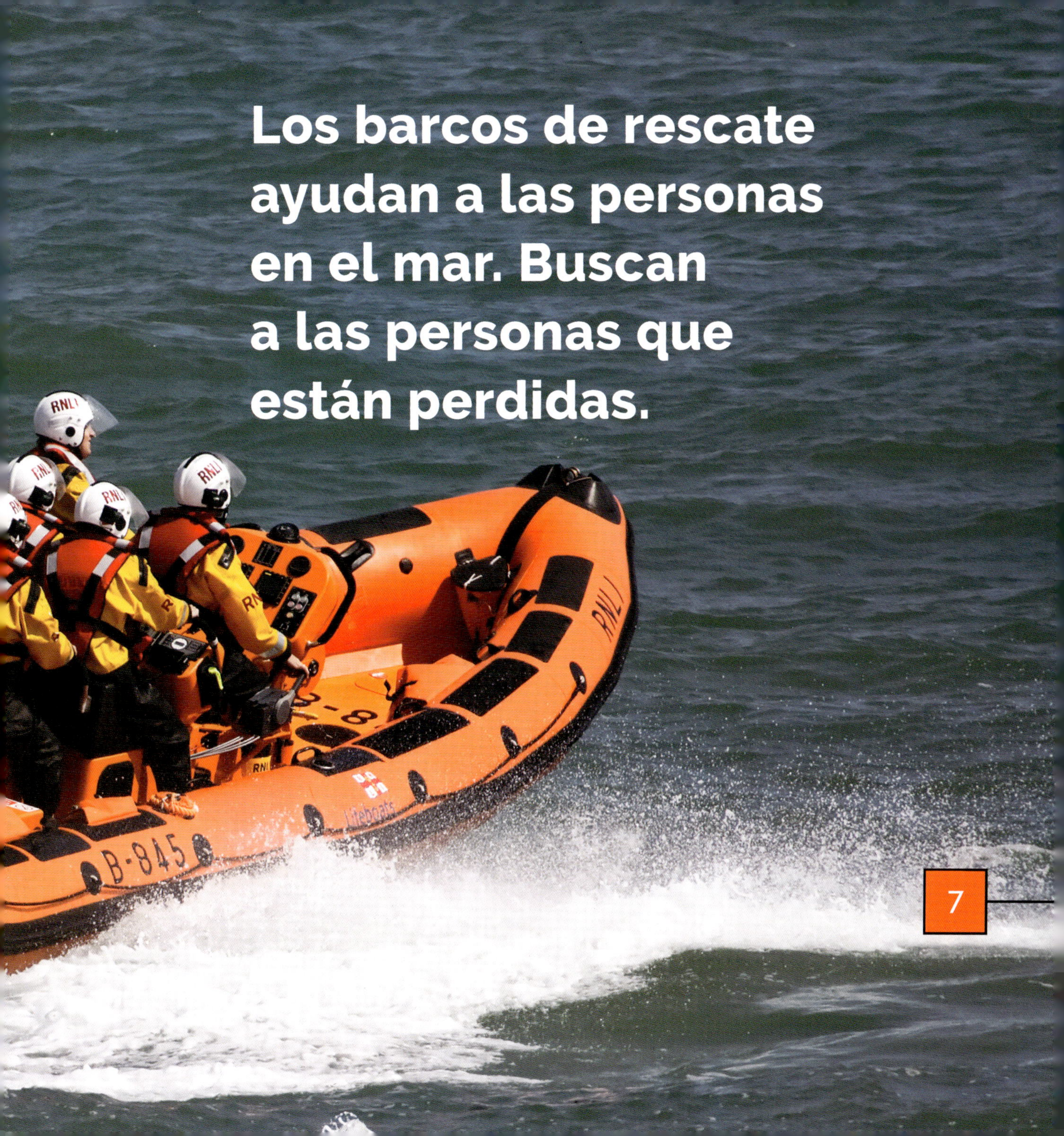

Los barcos de rescate ayudan a las personas en el mar. Buscan a las personas que están perdidas.

¡NECESITAMOS UN BARCO MÁS GRANDE!
RESCUE BOAT

Algunos barcos de rescate son pequeños. Otros son grandes. Van a aguas más profundas.

Un barco de rescate tiene luces intermitentes.

Enciende sirenas cuando va rápido.

LAS LUCES LO AYUDAN A MOVERSE EN LA OSCURIDAD.

El conductor lleva el barco a donde necesita ir. Un trabajador lanza una cuerda o un chaleco salvavidas.

¿QUÉ TAL EL NADO?
¡NO FUE NADA DIVERTIDO!

LOS HELICÓPTEROS PUEDEN AYUDAR CON LOS RESCATES.

A veces, un **buzo** nada para sacar a alguien del agua. Todos se suben al barco.

El barco lleva a las personas a la orilla. Los trabajadores limpian el barco. Guardan todo.

02
COSTIERA

¡ESTÁ UN POCO AGITADO HOY!

¡Adiós, barcos de rescate!

[Imagina un barco de rescate]

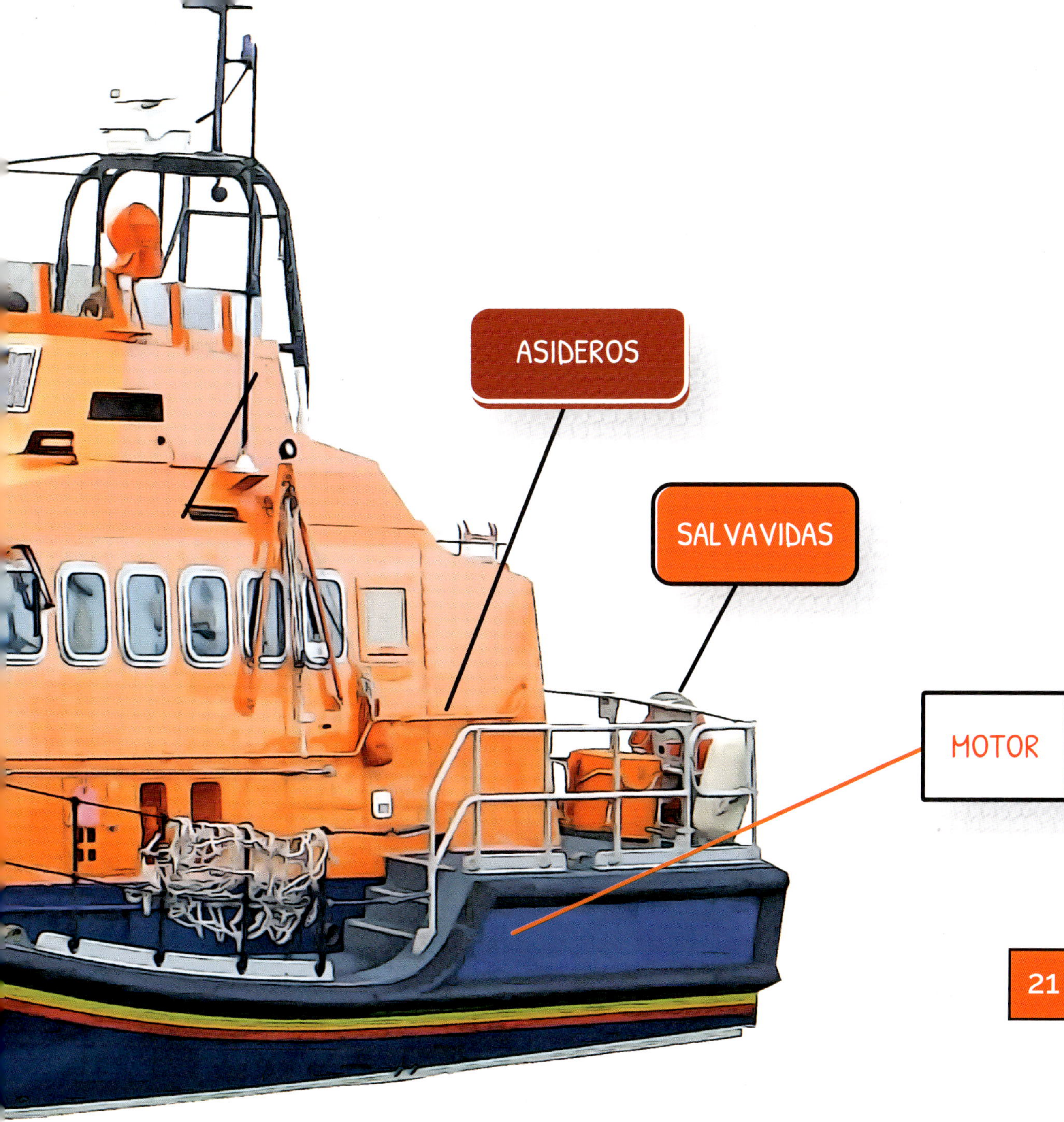
ASIDEROS
SALVAVIDAS
MOTOR

PALABRAS QUE DEBES CONOCER

buzo: alguien que usa un traje especial para trabajar bajo el agua

chaleco salvavidas: chaleco lleno de aire sin mangas que flota en el agua

sirena: objeto que emite ruidos fuertes como señal de que un vehículo de emergencia se aproxima

FDNY
U.S. COAST GUARD

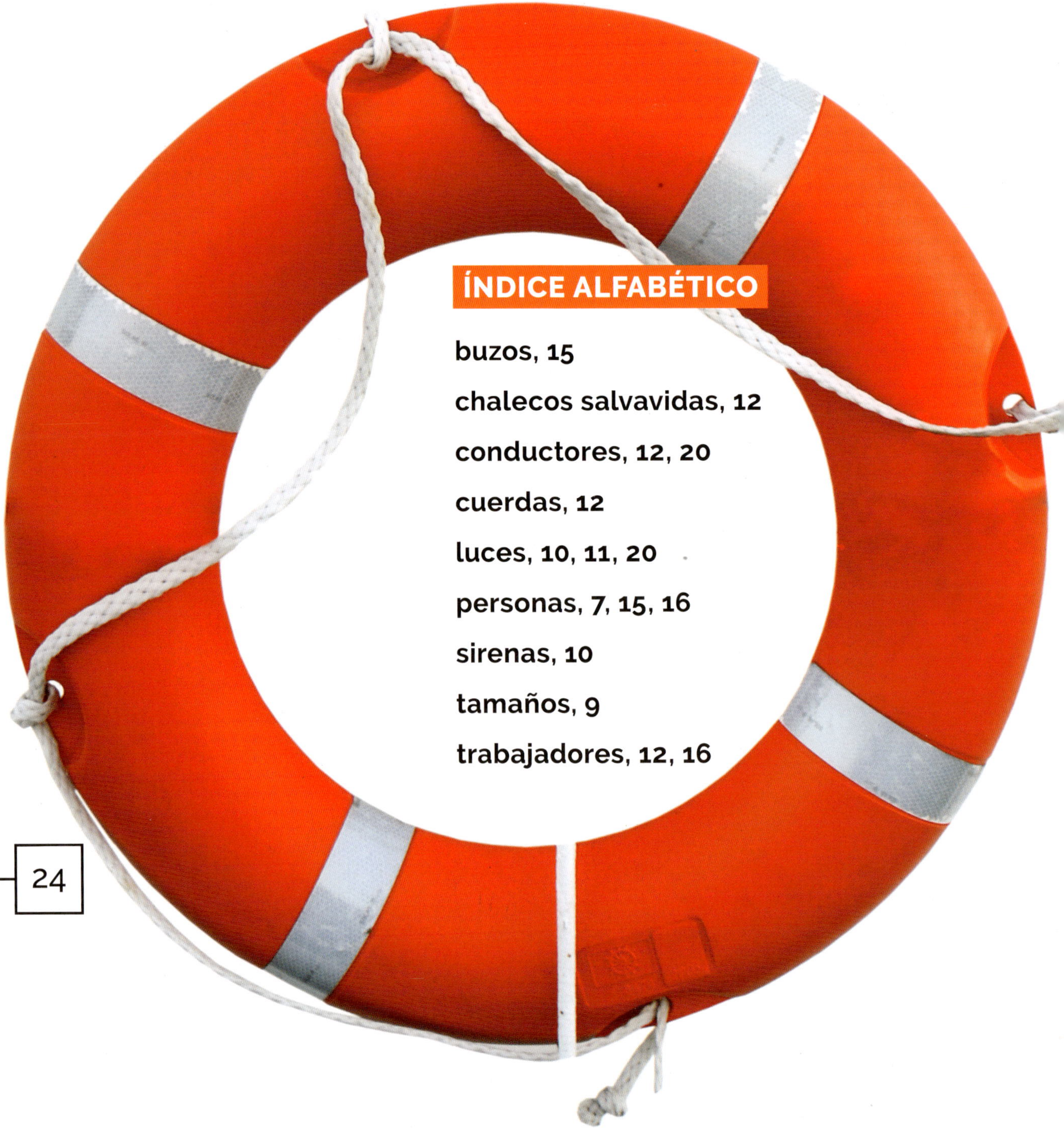

ÍNDICE ALFABÉTICO